Gisèle Chapiron   Michel Mante   Catherine Pérotin

Pour bien maîtriser

les calculs avec des fractions

Sommaire

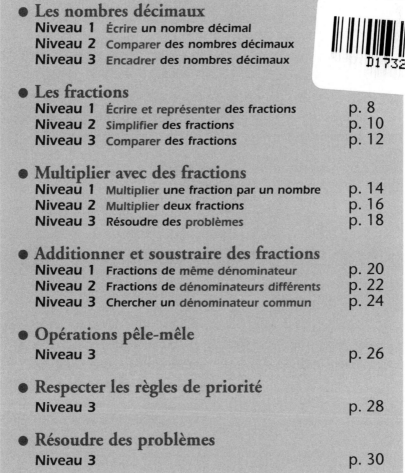
© Hatier – Paris 2000 – ISBN 2-218-73105-3
Toute représentation, traduction, adaptation ou reproduction, même partielle, par tous procédés, en tous pays, faite sans autorisation préalable est illicite et exposerait le contrevenant à des poursuites judiciaires. Réf. : loi du 11 mars 1957, alinéas 2 et 3 de l'article 41.

HATIER

Écrire
un nombre décimal

**Je compte
mes bonnes
réponses**

Observe la règle

Dans l'écriture d'un nombre décimal, la **position** d'un chiffre donne sa **signification**.

Dans 357,138, le chiffre 7 signifie qu'il y a 7 unités.

$$357,138 = (3 \times 100) + (5 \times 10) + 7 + \left(1 \times \frac{1}{10}\right) + \left(3 \times \frac{1}{100}\right) + \left(8 \times \frac{1}{1\,000}\right)$$

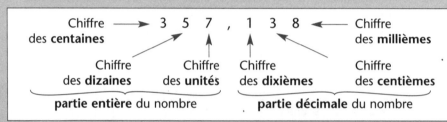

Note bien :

On peut **écrire ou supprimer des zéros** à droite de la partie décimale ou à gauche de la partie entière d'un nombre décimal.

$$6,700 = 6 + \left(7 \times \frac{1}{10}\right) + \underbrace{\left(0 \times \frac{1}{100}\right)}_{0} + \underbrace{\left(0 \times \frac{1}{1\,000}\right)}_{0} \quad \text{donc} \ 6,700 = 6,7$$

De même :   65,7 = 65,70   15 = 15,0   089,5 = 89,5

❶ Souligne le chiffre demandé.

a) Le chiffre des centaines de 3 467,78.

b) Le chiffre des centièmes de 156,896.

c) Le chiffre des dixièmes de 45,89.

d) Le chiffre des dizaines de 134,78.

e) Le chiffre des unités de 345,7.

f) Le chiffre des centièmes de 5,6.

6

❷ Écris en chiffres les nombres décimaux.

a) Une unité et deux dixièmes : ....

b) Un dixième : ....

c) Trois centièmes : ....

d) Un dixième et quatre centièmes : ....

e) Douze unités et sept centièmes : ....

f) Deux dizaines et trois dixièmes : ....

g) 4 centaines 5 unités et 7 centièmes : ....

h) 6 unités et 56 centièmes : ....

i) 28 unités et 3 millièmes : ....

j) Dix millièmes : ....

10

© Hatier

❸ Écris sous forme décimale :

a) $4 + \dfrac{1}{10} =$ c) $(5 \times 10) + \dfrac{7}{1\,000} =$

b) $3 + \dfrac{4}{10} =$ d) $(7 \times 100) + (2 \times 10) + 8 + \dfrac{3}{10} + \dfrac{5}{100} =$

4

❹ Le nombre 54,83 peut s'écrire $(5 \times 10) + 4 + \dfrac{8}{10} + \dfrac{3}{100}$ **. Écris de même :**

a) $5,3 =$ c) $312,09 =$

b) $15,564 =$ d) $0,101 =$

4

❺ Associe par paires les écritures d'un même nombre.

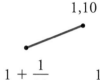

| 1,10 | 1,01 | 1,101 | 1,11 | 1,001 |

$1 + \dfrac{1}{10}$ $1 + \dfrac{1}{10} + \dfrac{1}{100}$ $1 + \dfrac{1}{100}$ $1 + \dfrac{1}{1\,000}$ $1 + \dfrac{1}{10} + \dfrac{1}{1\,000}$

4

❻ Place la virgule de chaque nombre pour que le chiffre 2 soit à sa place.

a) Dans 5 4 3 2**,**9 8 7 le chiffre 2 est le chiffre des unités.

b) Dans 5 4 3 2 9 8 7 le chiffre 2 est le chiffre des dixièmes.

c) Dans 5 4 3 2 9 8 7 le chiffre 2 est le chiffre des centièmes.

d) Dans 5 4 3 2 9 8 7 le chiffre 2 est le chiffre des dizaines.

e) Dans 5 4 3 2 9 8 7 le chiffre 2 est le chiffre des centaines.

f) Dans 5 4 3 2 9 8 7 le chiffre 2 est le chiffre des millièmes.

5

❼ Continue les séries de nombres en comptant de dixième en dixième.

a) 5,6 ; 5,7 ; 5,8 ; .... ; 6,4 ;

b) 12,47 ; 12,57 ; .... ; 13,27 ;

c) 9,6 ; 9,5 ; .... ; 8,7 ;

d) 100,11 ; .... ; 99,31.

4

❽ Complète par le signe = ou ≠ .

a) 03080 .... 38 ;   b) 05,080 .... 5,08 ;   c) 00,700 .... 7.

3

© Hatier

Comparer des nombres décimaux

Niveau 2

Observe la règle

- **Plus petit, plus grand**

« < » se lit « est plus petit que » ; « > » se lit « est plus grand que » :

$$3,5 < 8 \; ; \quad 12 > 11,5.$$

- **Ordre croissant, ordre décroissant**

Ranger des nombres **par ordre croissant**, c'est les ranger du plus petit au plus grand :

$$2 < 2,5 < 3 < 10.$$

Ranger des nombres **par ordre décroissant**, c'est les ranger du plus grand au plus petit :

$$9 > 7,5 > 4 > 0,1.$$

- **Comparer deux nombres décimaux**

Quand deux nombres ont des **parties entières différentes**, le plus petit est celui qui a la plus petite partie entière :

$$6,71 < 9,5 \quad \text{car} \quad 6 < 9.$$

Note bien :

Quand deux nombres ont des **parties entières égales**, tu compares un par un les chiffres de leurs parties décimales en commençant par le chiffre des dixièmes.

Comparer 456,672 45 et 456,678 1.

456,67**2** 45

456,67**8** 1

456,672 45 < 456,678 1
car   2 < 8

---

❶ Entoure le plus grand des deux nombres.

a) 2,22   et 2,2 ;

b) 0,90   et 0,901 ;

c) 3,56   et 3,506 ;

d) 12,345 et 12,354 ;

e) 0,5   et 0,05.

❷ Quel est le plus gras de ces deux fromages ?

ROCKYFORT	CAMEMBLEU
Matières grasses pour 100 g : **24,603 g**	Matières grasses pour 100 g : **24,63 g**

....
5

....
2

© Hatier

❸ Complète avec <, >, ou = .

a) 4,45 .... 4,5 ;   c) 6,05 .... 6,005 ;   e) 12,8 .... 12,75.   ......

b) 12,67 .... 12,76 ;   d) 46,5 .... 46,50 ;   **5**

❹ Range les nombres suivants par ordre croissant.

a) 0,003 ;   0,3 ;   0,003 3 ;   0,33.   • Rangement : ....

b) 1,23 ;   1,023 ;   1,223 ;   1,020 3.   • Rangement : **8**

❺ Observe cette liste et réponds aux questions.

12,45		12,4			12,38	

a) Dans quel ordre sont rangés les 3 nombres ? ....

b) Complète chaque case vide par l'un des nombres suivants : 12,39 ; 12,42 ; 12,3 ; 12,392.   **5**

❻ Corrige si nécessaire la copie de Marion.

a) 3,54 > 3,5 ....   c) 4,050 = 4,5 ....   e) 61,678 < 61,73   ......

b) 45,67 < 46,57 ....   d) 0,000 1 > 0,001 ....   **5**

❼ Range les candidats au concours de mathématiques, du premier au cinquième.

Denis : 18,905 ;   François : 18,09 ;   Alain : 18,9 ;   Sylvain : 17,085 ;   Éric : 18,95.   ......

• Rangement : **5**

❽ Finis de colorier le chemin qui relie un nombre à un nombre plus petit et situé sur une case voisine.

Départ

Sens de déplacement :

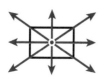

9,45	9,5	9,6	9,3	9,33
9,4	9,6	9,399	9,303	9,004
9, 41	9,39	9,033	9,003 3	9,003 4
9,75	9,451	9,4	9,04	8,99
8,67	9,56	9	8,909	8,999

......

5

© Hatier

Le total de mes bonnes réponses est .... **/ 40**

Encadrer des nombres décimaux

Niveau 3

Observe la règle

Encadrement d'un nombre

• $100 < 132,5 < 150$ se lit   « 132,5 est **compris** entre 100 et 150 ».
C'est un encadrement de 132,5.

• Tu peux préciser l'encadrement :

à l'unité près :	au dixième près :	au centième près :
$34 < 34,563 < 35$	$34,5 < 34,563 < 34,6$	$34,56 < 34,563 < 34,57$
$(35 - 34 = 1)$	$(34,6 - 34,5 = 0,1)$	$(34,57 - 34,56 = 0,01)$

Note bien : pour trouver l'encadrement d'un nombre, tu peux le placer sur une droite graduée.
Sur une droite **graduée**, on **repère** chaque point par un nombre appelé abscisse.

A a pour abscisse 1, ce qui se note A (1).
B a pour abscisse 2,5, ce qui se note B (2,5).
C a une abscisse comprise entre 3,5 et 4.

❶ **Un seul encadrement est exact. Il correspond à la phrase :**

« 5,61 est compris entre 5,6 et 5,7 ». Entoure-le.

• $5,61 < 5,6 < 5,7$ • $5,6 < 5,7 < 5,61$ • $5,6 > 5,61 > 5,7$ • $5,6 < 5,61 < 5,7$

......

1

❷ **Complète le tableau.**

Nombre	Encadrement à l'unité près	Encadrement au dixième près
45,67		
9,99		
$7 + \dfrac{1}{10} + \dfrac{9}{100}$		

© Hatier

......

3 Complète les encadrements par un nombre de la liste.
Attention ! chaque nombre ne peut être utilisé qu'une seule fois.

3,301 9   3,311 9   3,305 6   3,233 9

a) $3 <$ .... < 4 ;   c) $3,3 <$ .... $< 3,31$;

b) $3,3 <$ .... $< 3,4$;   d) $3,305 <$ .... $< 3,306$.

..... **4**

4 Complète les encadrements suivants au centième près.

a) $1,13 < 1,135 <$ ....   b) $1,09 < 1,091 <$ ....   c) .... $< 1,601 < 1,61$

..... **3**

5 Complète par un nombre décimal écrit uniquement avec des 5 :

a) $5,5 <$ .... $< 5,6$ b) $5 + \dfrac{5}{10} + \dfrac{5}{100} <$ .... $< 5 + \dfrac{5}{10} + \dfrac{6}{100}$

..... **2**

6 Dans chacun des cas suivants, écris l'abscisse du point A.

a) 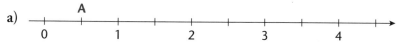 • A (.......)

b)  • A (.......)

c)  • A (.......)

..... **3**

7 Place les points A, B, C, D et E sur la droite graduée.

A (2)   B (7)   C (4)   D (3,5)   E (5,2)

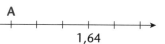

..... **5**

8 Sur la droite de l'exercice 7, place I le milieu de [AB], J le milieu de [AC] et K le milieu de [BC].

• Quelles sont les abscisses de I, J, et K ? ....

..... **6**

Le total de mes bonnes réponses est .... / 30

© Hatier

Écrire et représenter des fractions

Niveau 1

Observe la règle

• Une **fraction** est le **quotient** de deux nombres entiers.

$$\frac{14}{5}$$ est le quotient de 14 par 5.

Écriture fractionnaire

$$\frac{14}{5} = 2,8$$

Écriture décimale

Numérateur ⟶ $\boxed{14}$

Dénominateur ⟶ $\boxed{5}$ se lit quatorze cinquièmes.

• **Représenter une fraction** $\frac{a}{b}$ d'une figure, c'est :

– partager cette figure en b parties égales et

– colorier a parties.

Ci-contre, on a colorié $\frac{4}{5}$ du rectangle ABCD. ▶

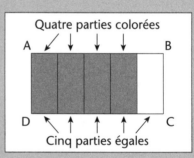

Quatre parties colorées

Cinq parties égales

Note bien :

• Certaines fractions sont des **nombres décimaux**, par exemple : $\frac{14}{5} = 2,8$; $\frac{12}{3} = 4$.

• Certaines fractions **ne sont pas des nombres décimaux**, par exemple : $\frac{4}{7}$, car la division de 4 par 7 **ne se termine pas**.

❶ Complète les phrases suivantes selon le modèle : « $\frac{3}{2}$ se lit trois demis ».

a) $\frac{3}{4}$ se lit _____ .

b) $\frac{4}{5}$ se lit _____ .

c) $\frac{5}{3}$ se lit _____ .

d) $\frac{}{}$ se lit treize dixièmes.

e) $\frac{}{}$ se lit cent vingt et un treizièmes.

f) $\frac{}{}$ se lit sept tiers.

© Hatier

2 Complète, si possible, le tableau suivant :

Écriture fractionnaire	$\dfrac{1}{2}$	$\dfrac{3}{4}$		$\dfrac{4}{3}$	
Écriture décimale			3,2		0,25

3 Entoure les nombres décimaux.

$\cdot\dfrac{13}{10}$ $\cdot\dfrac{6}{7}$ $\cdot\dfrac{14}{2}$ $\cdot\dfrac{57}{1\,000}$ $\cdot\dfrac{13}{5}$ $\cdot\dfrac{8}{6}$

4 Trouve les nombres qui manquent.

$\cdot\dfrac{\rule{1em}{0.4pt}}{4}=1$ $\cdot\dfrac{\rule{1em}{0.4pt}}{2}=3,5$ $\cdot\dfrac{1}{\rule{1em}{0.4pt}}=0,01$ $\cdot\dfrac{4}{\rule{1em}{0.4pt}}=0,5$

5 Dans chacun des cas, quelle fraction du rectangle ABCD est coloriée ?

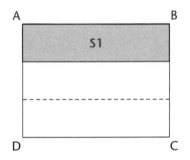

6 Les deux rectangles ABCD et EFGH sont identiques.

Quelle est la plus grande surface coloriée ? ....

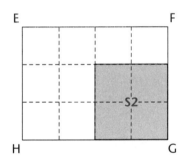

7 Quelles fractions d'heure représentent :

a) 30 minutes : .... b) 45 minutes : .... c) 15 minutes : ....

8 Colorie un demi-triangle, un quart de cercle, trois quarts de rectangle, un tiers de carré.

Le total de mes bonnes réponses est .... / 30

© Hatier

Simplifier des fractions

*Je compte
mes bonnes
réponses*

Observe la règle

• La **valeur** d'une fraction ne change pas si tu **multiplies** ou si tu **divises** son numérateur et son dénominateur **par un même nombre non nul**.

Écrire des fractions égales à $\dfrac{12}{15}$.

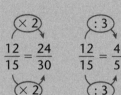

$$\dfrac{12}{15} = \dfrac{24}{30} \qquad \dfrac{12}{15} = \dfrac{4}{5}$$

• **Simplifier** une fraction, c'est trouver une **fraction égale** dont le numérateur et le dénominateur sont des nombres plus petits.

Simplifier $\dfrac{2 \times 3}{2 \times 5}$ et $\dfrac{20}{15}$.

$\dfrac{2 \times 3}{2 \times 5} = \dfrac{3}{5}$ On a simplifié par 2. $\dfrac{20}{15} = \dfrac{4}{3}$ On a simplifié par 5.

❶ **Complète par l'un des signes = ou ≠ . Si les fractions sont égales, justifie ta réponse en indiquant, comme sur l'exemple, l'opération effectuée.**

a) $\dfrac{5}{6} = \dfrac{10}{12}$;

b) $\dfrac{10}{100} \ \rule{1cm}{0.4pt}\ \dfrac{0}{10}$;

c) $\dfrac{200}{400} \ \rule{1cm}{0.4pt}\ \dfrac{1}{2}$;

d) $\dfrac{12}{36} \ \rule{1cm}{0.4pt}\ \dfrac{6}{12}$;

e) $\dfrac{1}{3} \ \rule{1cm}{0.4pt}\ \dfrac{3}{6}$.

...... **4**

❷ **Trouve les fractions demandées.**

a) Une fraction de dénominateur 15

égale à $\dfrac{4}{30}$: ....

b) Une fraction de numérateur 50

égale à $\dfrac{1}{2}$: ....

...... **2**

© Hatier

3 Complète les égalités.

a) $\dfrac{2}{8} = \dfrac{......}{4}$;   b) $5 = \dfrac{......}{2}$;   c) $\dfrac{3}{4} = \dfrac{75}{......}$;   d) $8 = \dfrac{8}{......}$;   e) $0 = \dfrac{......}{5}$.

.....
5

4 Parmi les fractions suivantes, il y a trois fractions égales à $\dfrac{66}{42}$; entoure-les.

$\dfrac{6}{4}$ $\dfrac{33}{21}$ $\dfrac{6}{2}$ $\dfrac{6}{7}$ $\dfrac{7}{11}$ $\dfrac{11}{7}$ $\dfrac{21}{33}$ $\dfrac{22}{14}$ $\dfrac{12}{24}$

.....
3

5 Simplifie, si possible, les fractions.

a) $\dfrac{8}{6} =$ b) $\dfrac{10}{21} =$ c) $\dfrac{22}{55} =$ d) $\dfrac{12}{4} =$

e) $\dfrac{12}{12} =$ f) $\dfrac{9}{3} =$ g) $\dfrac{3}{9} =$ h) $\dfrac{24}{40} =$

.....
8

6 Simplifie, si possible, les expressions suivantes :

a) $\dfrac{2 \times 5}{7 \times 5} =$ b) $\dfrac{5 + 2}{7 + 2} =$ c) $\dfrac{4 \times 3}{8 \times 3} =$ d) $\dfrac{8 - 5}{10 - 5} =$

e) $\dfrac{2 + 8}{3 + 8} =$ f) $\dfrac{2 \times 3 \times 5}{5 \times 7} =$ g) $\dfrac{5 \times 7}{7} =$ h) $\dfrac{6}{11 \times 6} =$

.....
8

7 Trouve sur ta calculatrice scientifique comment il faut procéder et simplifie les fractions suivantes :

a) $\dfrac{261}{609} =$ b) $\dfrac{1\ 036}{1\ 554} =$ c) $\dfrac{3\ 290}{1\ 316} =$

d) $\dfrac{512}{1\ 024} =$ e) $\dfrac{729}{81} =$ f) $\dfrac{1\ 504}{987} =$

.....
6

8 Résous les problèmes.

a) Marie dit à son petit-fils : « J'ai des bonbons dans ma poche ; préfères-tu que je t'en donne les $\dfrac{12}{15}$ ou les $\dfrac{4}{5}$? » Quelle réponse conseilles-tu ? ....

b) Gaëlle et Éric ont le même nombre d'arbres à arroser. Gaëlle dit : « J'en ai arrosé les $\dfrac{2}{3}$ » et il répond : « Moi, j'en ai arrosé les $\dfrac{4}{6}$ ». Lequel a arrosé le plus d'arbres ? ....

.....
4

Le total de mes bonnes réponses est .... **/ 40**

© Hatier

Comparer des fractions

Je compte
mes bonnes
réponses

Observe la règle

Pour **comparer deux fractions**, tu peux appliquer deux méthodes :

- effectuer les **divisions**.

Comparer $\frac{73}{100}$ et $\frac{3}{5}$. $\frac{73}{100} = 73 : 100 = 0,73$; $\frac{3}{5} = 3 : 5 = 0,6$ donc $\frac{3}{5} < \frac{20}{25}$.

- **écrire des fractions égales** de même dénominateur ou de même numérateur.

Comparer $\frac{6}{5}$ et $\frac{12}{15}$.

Méthode 1

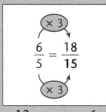

$\frac{18}{15} > \frac{12}{15}$ donc $\frac{6}{5} > \frac{12}{15}$

même dénominateur

Note bien :
Si deux fractions ont le **même dénominateur**, la plus grande est celle qui a le plus grand numérateur.

Méthode 2

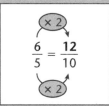

même numérateur

$\frac{12}{10} > \frac{12}{15}$ donc $\frac{6}{5} > \frac{12}{15}$

Note bien :
Si deux fractions ont le **même numérateur**, la plus grande est celle qui a le plus petit dénominateur.

---

❶ a) **En effectuant les divisions, compare les fractions et entoure la plus grande des deux.**

- $\frac{13}{4} =$ $\frac{19}{5} =$ • $\frac{4}{5} =$ $\frac{7}{10} =$ • $\frac{15}{2} =$ $\frac{38}{5} =$

b) **En écrivant des fractions de même dénominateur, compare les fractions et entoure la plus grande des deux.**

- $\frac{3}{4}$ $\frac{1}{2}$ • $\frac{4}{3}$ $\frac{7}{6}$ • $\frac{7}{15}$ $\frac{2}{5}$

© Hatier

❷ Entoure les fractions de la liste suivante qui sont inférieures à 1.

$$\frac{1}{2} \qquad \frac{4}{3} \qquad \frac{12}{15} \qquad \frac{2}{5} \qquad \frac{145}{146}$$

......
5

❸ Complète par l'un des symboles < ou >.

a) $0,23 \dots \frac{1}{4}$;   b) $3 \dots \frac{8}{3}$;   c) $\frac{1}{2} \dots \frac{6}{10}$;   d) $\frac{3}{4} \dots \frac{70}{100}$;   e) $\frac{1}{10} \dots \frac{1}{100}$.

......
5

❹ Effectue les classements.

a) Range par ordre croissant les nombres : $\frac{4}{12}$; $\frac{3}{12}$; $\frac{7}{12}$; $\frac{1}{12}$; $\frac{45}{12}$; $\frac{31}{12}$; 1.

b) Range par ordre décroissant les nombres : $\frac{1}{5}$; 1 ; $\frac{1}{6}$; $\frac{1}{10}$; $\frac{1}{12}$; $\frac{1}{2}$; $\frac{1}{100}$.

......
14

❺ Entoure dans la liste suivante les deux fractions qui sont plus petites que $\frac{8}{9}$.

$$\frac{9}{8} \qquad \frac{7}{9} \qquad \frac{17}{18} \qquad \frac{81}{90} \qquad \frac{79}{90}$$

......
2

❻ Margot a fait des erreurs dans son exercice. Barre les encadrements qui sont faux.

a) $\frac{1}{2} < 1 < \frac{3}{2}$;   b) $\frac{1}{2} < \frac{1}{3} < \frac{1}{4}$;   c) $\frac{5}{2} < \frac{5}{3} < \frac{5}{4}$;   d) $0,7 < \frac{3}{4} < 0,8$.

......
4

❼ Résous le problème.

Dans un collège, $\frac{1}{3}$ des élèves sont inscrits au club Informatique, $\frac{3}{4}$ des élèves sont inscrits au club Sport et $\frac{3}{5}$ des élèves sont inscrits au club Cuisine.

Quel est le club qui a le plus d'inscrits ? ....

......
2

❽ Une petite énigme.

Trouve une fraction plus grande que $\frac{6}{8}$ qui a pour numérateur un nombre plus petit que 6 et pour dénominateur un nombre plus petit que 8. ....

......
2

Le total de mes bonnes réponses est .... **/ 40**

© Hatier

Multiplier une fraction par un nombre

Je compte
mes bonnes
réponses

Observe la règle

- Calculer une **fraction d'un nombre**, c'est multiplier cette fraction par ce nombre.

Calculer les $\frac{3}{4}$ de 120, c'est effectuer le calcul : $\frac{3}{4} \times 120$.

- Tu disposes de trois méthodes pour effectuer ce calcul.

Méthode 1 : multiplier en premier

Pour effectuer le calcul $\frac{a}{b} \times c$, multiplie

a par c puis divise le résultat obtenu par b.

$$\frac{3}{4} \times 120 = \frac{3 \times 120}{4} = \frac{360}{4} = 90 .$$

360 : 4 = 90

Méthode 2 : diviser en premier

Pour effectuer le calcul $\frac{a}{b} \times c$, divise

c par b, puis multiplie le résultat par a.

$$\frac{3}{4} \times 120 = 3 \times \frac{120}{4} = 3 \times 30 = 90 .$$

120 : 4 = 30

Méthode 3 : calculer la fraction

Pour effectuer le calcul $\frac{a}{b} \times c$, divise a par b puis multiplie le résultat par c.

$$\frac{3}{4} \times 120 = (3 : 4) \times 120 = 0,75 \times 120 = 90 .$$

3 : 4 = 0,75

Note bien : Si les divisions de a par b ou de c par b ne se terminent pas, il est préférable, d'utiliser la méthode 1.

❶ Complète le tableau.

Énoncé	Calcul	Résultat
Calculer cinq sixièmes de 120.		
Calculer	$\frac{1}{2} \times 50$	
Calculer le tiers de		10
Calculer trois demis de 40.		
Calculer quatre tiers de 27.		

© Hatier

2 **Calcule :**

a) $\dfrac{12}{7} \times 21 =$

b) $\dfrac{5}{100} \times 120 =$

c) $\dfrac{1}{2} \times 56 =$

3 **Donne le résultat en écriture fractionnaire, puis l'encadrement à l'unité du résultat.**

Calcul	Résultat	Encadrement
$\dfrac{7}{3} \times 2$		
$\dfrac{4}{6} \times 62$		

4 **Complète chaque égalité avec l'un des nombres de la liste.**

1   10   100   1 000

a) $\dfrac{1}{10} \times \text{......} = 1$;

b) $\dfrac{\text{......}}{3} \times 9 = 300$;

c) $\dfrac{2}{30} \times 15 = \text{......}$;

d) $\dfrac{700}{\text{......}} \times 3 = 2,1$.

5 **Résous les problèmes.**

a) Jacques a appris les trois quarts de sa poésie qui comporte 16 vers.

Combien de vers a-t-il appris ? ....

b) Il y a 500 élèves dans un collège et les trois cinquièmes des élèves mangent à la cantine.

Combien d'élèves mangent à la cantine ? ....

c) Dessine un segment qui mesure $\dfrac{1}{25}$ m.

d) Un rectangle a pour longueur 5,4 cm.

Sa largeur est les $\dfrac{2}{3}$ de sa longueur.

Quelle est la largeur du rectangle ?

....

e) M. et Mme Robert et leurs enfants partent en vacances. Ils ont 420 km de route à faire.

2 heures après leur départ, ils font une première pause. Ils ont alors parcouru $\dfrac{3}{7}$ de la

distance. Quelle distance ont-ils parcourue ? ....

© Hatier

Le total de mes bonnes réponses est .... **/ 30**

Multiplier deux fractions

Je compte
mes bonnes
réponses

Observe la règle

Pour calculer le produit de deux fractions, multiplie les numérateurs entre eux et les dénominateurs entre eux.

a, b, c, d représentent des nombres (*b* et *d* différents de zéro).

Produit des numérateurs

$$\frac{a}{b} \times \frac{c}{d} = \frac{a \times c}{b \times d}$$

Produit des fractions

Produit des dénominateurs

$$\frac{4}{5} \times \frac{9}{2} = \frac{4 \times 9}{5 \times 2} = \frac{36}{10}$$ On peut simplifier par 2. On obtient : $\frac{36}{10} = \frac{18}{5}$.

$$4 \times \frac{5}{3} = \frac{4}{1} \times \frac{5}{3} = \frac{4 \times 5}{1 \times 3} = \frac{20}{3}$$ car $4 = \frac{4}{1}$.

Note bien : on peut parfois simplifier avant d'effectuer les produits.

❶ Calcule et donne le résultat en écriture fractionnaire.

a) $\frac{1}{3} \times \frac{5}{2} =$ b) $3 \times \frac{1}{5} =$ c) $\frac{5}{6} \times \frac{6}{5} =$

d) $\frac{4}{5} \times 5 =$ e) $\frac{7}{5} \times \frac{3}{4} =$ f) $\frac{2}{3} \times \frac{5}{7} =$

g) $\frac{2}{3} \times \frac{5}{3} =$ h) $\frac{7}{3} \times \frac{2}{5} \times \frac{1}{2} =$ i) $\frac{1}{2} \times 3 \times \frac{3}{5} =$

.... **9**

❷ Cinq élèves ont eu à calculer le produit $\frac{4}{3} \times \frac{5}{6}$. Entoure la seule bonne réponse.

a) $\frac{24}{15}$;   b) $\frac{5}{9}$;   c) $\frac{40}{6}$;   d) $\frac{20}{18}$;   e) $\frac{15}{24}$.

.... **1**

❸ Complète les calculs.

a) $\frac{3}{4} \times \frac{.....}{.....} = \frac{21}{20}$;   b) $\frac{.....}{.....} \times \frac{7}{3} = 1$;   c) $\frac{6}{5} \times \frac{.....}{.....} = \frac{18}{5}$;   d) $\frac{.....}{.....} \times \frac{5}{7} = \frac{5}{63}$.

.... **4**

© Hatier

Corrigés à détacher

1 a) 3 467,78 ; **b)** 156,896 ; **c)** 45,89 ;
d) 134,78 ; **e)** 345,7 ; **f)** 5,60.

2 a) 1,2 ; **b)** 0,1 ; **c)** 0,03 ; **d)** 0,14 ;
e) 12,07 ; **f)** 20,3 ; **g)** 405,07 ; **h)** 6,56 ;
i) 28,003 ; **j)** 0,010 = 0,01.

3 a) 4,1 ; **b)** 3,4 ; **c)** 50,007 ; **d)** 728,35.

4 a) $5 + \dfrac{3}{10}$;
b) $(1 \times 10) + 5 + \dfrac{5}{10} + \dfrac{6}{100} + \dfrac{4}{1\,000}$;
c) $(3 \times 100) + (1 \times 10) + 2 + \dfrac{9}{100}$;
d) $\dfrac{1}{10} + \dfrac{1}{1\,000}$.

5 1,10 • ⟶ $1 + \dfrac{1}{10}$
1,01 • $1 + \dfrac{1}{10} + \dfrac{1}{100}$
1,101 • $1 + \dfrac{1}{100}$
1,11 • $1 + \dfrac{1}{1\,000}$
1,001 • $1 + \dfrac{1}{10} + \dfrac{1}{1\,000}$

6 a) 5 43**2**,987 ; **b)** 543,**2**98 7 ;
c) 54,3**2**9 87 ; **d)** 54 3**2**9,87 ;
e) 543 **2**98,7 ; **f)** 5,43**2** 987.

7 a) 5,6 ; 5,7 ; 5,8 ; 5,9 ; 6 ; 6,1 ; 6,2 ;
6,3 ; 6,4.
b) 12,47 ; 12,57 ; 12,67 ; 12,77 ; 12,87 ;
12,97 ; 13,07 ; 13,17 ; 13,27.
c) 9,6 ; 9,5 ; 9,4 ; 9,3 ; 9,2 ; 9,1 ; 9 ;
8,9 ; 8,8 ; 8,7.
d) 100,11 ; 100,01 ; 99,91 ; 99,81 ;
99,71 ; 99,61 ; 99,51 ; 99,41 ; 99,31.

8 a) 03080 ≠ 38 ; **b)** 05,080 = 5,08 ;
c) 00,700 ≠ 7.

1 a) 2,22 ; **b)** 0,901 ; **c)** 3,56 ;
d) 12,354 ; **e)** 0,5.

2 Camembleu est le fromage le plus gras car 24,63 > 24,603.

3 a) 4,45 < 4,5 ; **b)** 12,67 < 12,76 ;
c) 6,05 > 6,005 ; **d)** 46,5 = 46,50 ;
e) 12,8 > 12,75.

4 a) 0,003 < 0,003 3 < 0,3 < 0,33 ;
b) 1,020 3 < 1,023 < 1,223 < 1,23.

5 a) Ordre décroissant.
b) 12,45 ; 12,42 ; 12,4 ; 12,392 ; 12,39 ;
12,38 ; 12,3.

6 c) 4,050 ≠ 4,5 ou bien : 4,050 < 4,5 ;
d) 0,000 1 < 0,001.

7 1er : Éric ; 2e : Denis ; 3e : Alain ;
4e : François, 5e : Sylvain.

8 Départ

9,45	9,5	9,6	9,3	9,33
9,4	9,6	9,399	9,303	9,004
9, 41	9,39	9,033	9,003 3	9,003 4
9,75	9,451	9,4	9,04	8,99
8,67	9,56	9	8,909	8,999

1 5,6 < 5,61 < 5,7.

2

Nombre	Encadrement à l'unité près	Encadrement au dixième près
45,67	45 < 45,67 < 46	45,6 < 45,67 < 45,7
9,99	9 < 9,99 < 10	9,9 < 9,99 < 10
$7 + \dfrac{1}{10} + \dfrac{9}{100}$	7 < 7,19 < 8	7,1 < 7,19 < 7,2

3 a) 3 < 3,233 9 < 4 ;
b) 3,3 < 3,311 9 < 3,4 ;
c) 3,3 < 3,301 9 < 3,31 ;
d) 3,305 < 3,305 6 < 3,306.

4 a) 1,13 < 1,135 < 1,14 ;
b) 1,09 < 1,091 < 1,10 ;
c) 1,60 < 1,601 < 1,61.

5 a) 5,5 < 5,55 < 5,6 ;
b) $5 + \dfrac{5}{10} + \dfrac{5}{100} < 5,555 < 5 + \dfrac{5}{10} + \dfrac{6}{100}$.

6 a) A (0,5) ; **b)** A (0,62) ; **c)** A (1,637).

7 8 I(4,5) ; J(3) ; K(5,5).

```
        A  J D C I  E K        B
    ├──┼──┼──┼──┼──┼──┼──┤
    0  1  2  3  4  5  6  7
```

1 a) $\dfrac{3}{4}$ se lit trois quarts ;
b) $\dfrac{4}{5}$ se lit quatre cinquièmes ;
c) $\dfrac{5}{3}$ se lit cinq tiers ;
d) $\dfrac{13}{10}$ se lit treize dixièmes ;
e) $\dfrac{121}{13}$ se lit cent vingt et un treizièmes ;
f) $\dfrac{7}{3}$ se lit sept tiers.

2

Écriture fractionnaire	Écriture décimale
$\dfrac{1}{2}$	0,5
$\dfrac{3}{4}$	0,75
Par exemple $\dfrac{32}{10}$	3,2
$\dfrac{4}{3}$	Ce quotient n'est pas un nombre décimal.
$\dfrac{25}{100} = \dfrac{1}{4}$	0,25

© Hatier

Pour bien maîtriser **les calculs avec des fractions**

3 Les nombres décimaux sont :

$\frac{13}{10} = 1,3$; $\frac{14}{2} = 7$; $\frac{57}{1\,000} = 0,057$;

$\frac{13}{5} = 2,6$.

$\frac{6}{7}$ et $\frac{8}{6}$ ne sont pas des nombres décimaux car la division de 6 par 7 et la division de 8 par 6 ne se terminent pas.

4 $\frac{4}{4} = 1$; $\frac{7}{2} = 3,5$; $\frac{1}{100} = 0,01$;

$\frac{4}{8} = 0,5$.

5 a) $\frac{3}{6}$ ou $\frac{1}{2}$; b) $\frac{4}{6}$ ou $\frac{2}{3}$; c) $\frac{6}{6}$ ou 1.

6 Les deux surfaces coloriées ont la même aire : $\frac{1}{3}$ de l'aire du rectangle.

7 a) $\frac{1}{2}$ h ; b) $\frac{3}{4}$ h ; c) $\frac{1}{4}$ h.

8 Par exemple :

Simplifier des fractions — page 10

1 a) $\frac{5}{6} = \frac{10}{12}$ (× 2) ; b) $\frac{10}{100} \neq \frac{0}{10}$;

c) $\frac{200}{400} = \frac{1}{2}$ (: 200) ; d) $\frac{12}{36} \neq \frac{6}{12}$; e) $\frac{1}{3} \neq \frac{3}{6}$.

2 a) $\frac{4}{30} = \frac{2}{15}$; b) $\frac{1}{2} = \frac{50}{100}$.

3 a) $\frac{2}{8} = \frac{1}{4}$; b) $5 = \frac{10}{2}$; c) $\frac{3}{4} = \frac{75}{100}$;

d) $8 = \frac{8}{1}$; e) $0 = \frac{0}{5}$.

4 $\frac{33}{21}$; $\frac{11}{7}$; $\frac{22}{14}$.

---

5 a) $\frac{4}{3}$; b) $\frac{10}{21}$ ne peut être simplifiée ;

c) $\frac{2}{5}$; d) 3 ; e) 1 ; f) 3 ; g) $\frac{1}{3}$; h) $\frac{3}{5}$.

6 a) $\frac{2}{7}$; c) $\frac{4}{8} = \frac{1}{2}$; f) $\frac{6}{7}$; g) 5 ; h) $\frac{1}{11}$.

b), d) et e) : les fractions ne peuvent pas être simplifiées.

$\left(b = \frac{7}{9} ; d = \frac{3}{5} ; e = \frac{10}{11} \right)$

7 Il y a plusieurs réponses possibles :

a) $\frac{87}{203}$; $\frac{3}{7}$; b) $\frac{518}{777}$; $\frac{74}{111}$; $\frac{2}{3}$;

c) $\frac{1\,645}{658}$; $\frac{235}{94}$; $\frac{5}{2}$; d) $\frac{1}{2}$;

e) $\frac{243}{27}$; $\frac{81}{9}$; 9 ; f) $\frac{32}{21}$.

8 a) $\frac{12}{15} = \frac{4}{5}$. Le petit-fils peut choisir l'une ou l'autre proposition.

b) $\frac{2}{3} = \frac{4}{6}$. Ils ont arrosé le même nombre d'arbres.

Comparer des fractions — page 12

1 a) • $\frac{13}{4} = 3,25$; $\boxed{\frac{19}{5}} = 3,8$;

• $\boxed{\frac{4}{5}} = 0,8$; $\frac{7}{10} = 0,7$;

• $\frac{15}{2} = 7,5$; $\boxed{\frac{38}{5}} = 7,6$.

b) • $\boxed{\frac{3}{4}}$; $\frac{1}{2} = \frac{2}{4}$; • $\boxed{\frac{4}{3}} = \frac{8}{6}$; $\frac{7}{6}$;

• $\boxed{\frac{7}{15}}$; $\frac{2}{5} = \frac{6}{15}$.

2 $\boxed{\frac{1}{2}}$; $\frac{4}{3}$; $\boxed{\frac{12}{15}}$; $\boxed{\frac{2}{5}}$; $\boxed{\frac{145}{146}}$.

Quand le dénominateur est plus grand que le numérateur, la fraction est plus petite que 1.

3 a) $0,23 < \frac{1}{4}$; b) $3 > \frac{8}{3}$; c) $\frac{1}{2} < \frac{6}{10}$;

d) $\frac{3}{4} > \frac{70}{100}$; e) $\frac{1}{10} > \frac{1}{100}$.

---

4 a) $\frac{1}{12}$; $\frac{3}{12}$; $\frac{4}{12}$; $\frac{7}{12}$; 1 ; $\frac{31}{12}$; $\frac{45}{12}$.

b) 1 ; $\frac{1}{2}$; $\frac{1}{5}$; $\frac{1}{6}$; $\frac{1}{10}$; $\frac{1}{12}$; $\frac{1}{100}$.

5 $\frac{7}{9}$; $\frac{79}{90}$ sont plus petites que $\frac{8}{9}$.

6 Il faut barrer : b) et c).

7 $\frac{1}{3} < \frac{3}{5} < \frac{3}{4}$. C'est le club Sport qui a le plus d'inscrits.

8 Par exemple $\frac{4}{5}$:

$\frac{4}{5} = 0,8$ et $\frac{6}{8} = 0,75$.

Multiplier une fraction par un nombre — page 14

1

Énoncé	Calcul	Résultat
Cinq sixièmes de 120	$\frac{5}{6} \times 120$	100
La moitié de 50	$\frac{1}{2} \times 50$	25
Le tiers de 30	$\frac{1}{3} \times 30$	10
Trois demis de 40	$\frac{3}{2} \times 40$	60
Quatre tiers de 27	$\frac{4}{3} \times 27$	36

2 a) 36 ; b) 6 ; c) 28.

3

Calcul	Résultat	Encadrement
$\frac{7}{3} \times 2$	$\frac{14}{3}$	$4 < \frac{14}{3} < 5$
$\frac{4}{6} \times 62$	$\frac{248}{6} = \frac{124}{3}$	$41 < \frac{124}{3} < 42$

4 a) $\frac{1}{10} \times 10 = 1$; b) $\frac{100}{3} \times 9 = 300$;

c) $\frac{2}{30} \times 15 = 1$; d) $\frac{700}{1\,000} \times 3 = 2,1$.

© Hatier

5 a) Jacques a appris 12 vers $\left(\dfrac{3}{4} \times 16 = 12\right)$.

b) 300 élèves mangent à la cantine $\left(\dfrac{3}{5} \times 500 = 300\right)$.

c) Le segment mesure 4 cm $\left(1\ m = 100\ cm\ et\ \dfrac{1}{25} \times 100 = 4\right)$.

d) Largeur en cm : $\dfrac{2}{3} \times 5,4 = 3,6$.

e) Ils ont parcouru 180 km $\left(\dfrac{3}{7} \times 420 = 180\right)$.

Multiplier deux fractions page 16

1 a) $\dfrac{5}{6}$; b) $\dfrac{3}{5}$; c) $\dfrac{30}{30} (= 1)$;

d) $\dfrac{20}{5} (= 4)$; e) $\dfrac{21}{20}$; f) $\dfrac{10}{21}$;

g) $\dfrac{10}{9}$; h) $\dfrac{14}{30} = \dfrac{7}{15}$; i) $\dfrac{9}{10}$.

2 d) $\dfrac{20}{18}$.

3 a) $\dfrac{7}{5}$; b) $\dfrac{3}{7}$; c) 3 ; d) $\dfrac{1}{9}$.

4

$\boxed{\dfrac{12}{5}} - \boxed{\times} - \boxed{\dfrac{5}{4}} \quad \boxed{\dfrac{7}{6}} - \boxed{\times} - \boxed{\dfrac{9}{4}}$

$\boxed{3} - \boxed{\times} - \boxed{\dfrac{21}{8}}$

$\boxed{\dfrac{63}{8}}$

5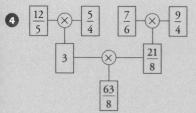

$\dfrac{1}{3}$	1	$\dfrac{2}{5}$	$\dfrac{3}{2}$
$\dfrac{5}{6}$	$\dfrac{5}{2}$	1	$\dfrac{15}{4}$
$\dfrac{20}{90} = \dfrac{2}{9}$	$\dfrac{20}{30} = \dfrac{2}{3}$	$\dfrac{4}{15}$	1

$\times \dfrac{2}{3}$

6 Aire en m² : $\dfrac{15}{4} \times \dfrac{8}{5} = \dfrac{120}{20} = 6$.

7 a) $\dfrac{986}{546}$ ou $\dfrac{493}{273}$; b) $\dfrac{147}{23}$; c) 340.

Résoudre des problèmes page 18

1 a) Grégoire a bu 50 cL d'eau $\left(\dfrac{2}{3} \times 75 = 50\right)$.

b) Il reste 25 cL d'eau dans la gourde.

2 b) et c).

3 a) → E ; b) → A ; c) → D ; d) → B ; e) → C.

4 a) Dans le lot, il y a 306 tulipes $\left(510 \times \dfrac{3}{5} = 306\right)$ et 85 jonquilles $\left(510 \times \dfrac{1}{6} = 85\right)$. Il y a donc 119 crocus $(510 - 306 - 85 = 119)$.

b) Céline a 100 disques de variété française $\left(\dfrac{3}{4} \times \dfrac{5}{6} \times 160 = 100\right)$.

Fractions de même dénominateur page 20

1 a) $\dfrac{18}{7}$; b) $\dfrac{6}{10} = \dfrac{3}{5}$; c) $\dfrac{6}{8} = \dfrac{3}{4}$;

d) $\dfrac{9}{11}$; e) $\dfrac{12}{2} = 6$; f) $\dfrac{19}{6}$;

g) $\dfrac{12}{9} = \dfrac{4}{3}$; h) $\dfrac{19}{12}$; i) $\dfrac{9}{9} = 1$.

2

A	B	A + B	A − B
$\dfrac{8}{17}$	$\dfrac{3}{17}$	$\dfrac{11}{17}$	$\dfrac{5}{17}$
$\dfrac{18}{15}$	$\dfrac{12}{15}$	$\dfrac{30}{15} = 2$	$\dfrac{6}{15} = \dfrac{2}{5}$
$\dfrac{19}{34}$	$\dfrac{15}{34}$	$\dfrac{34}{34} = 1$	$\dfrac{4}{34} = \dfrac{2}{17}$

3 a) $\dfrac{20}{37}$; b) $\dfrac{3}{89}$; c) $\dfrac{19}{11}$; d) $\dfrac{12}{63}$;

e) $\dfrac{3}{8}$; f) $\dfrac{12}{5}$; g) $\dfrac{47}{21}$; h) $\dfrac{43}{67}$.

4 On trouve sur chaque branche :
$\dfrac{12}{16} = \dfrac{3}{4}$; $\dfrac{14}{16} = \dfrac{7}{8}$; $\dfrac{21}{16}$; $\dfrac{27}{16}$.

5 Le périmètre du rectangle en m est $\dfrac{88}{15}$ $\left(2 \times \dfrac{26}{15} + 2 \times \dfrac{18}{15} = \dfrac{88}{15}\right)$.

Fractions de dénominateurs différents page 22

1 a) oui ; b) oui ; c) non ; d) oui.

2 Les dénominateurs communs sont :
a) 8 ; b) 14 ; c) 25 ; d) 18.

3 A → c) ; B → a) ; C → d) ; D → b) ; E → e).

4 a) $\dfrac{4}{6} = \dfrac{2}{3}$; b) $\dfrac{9}{12} = \dfrac{3}{4}$; c) $\dfrac{50}{18} = \dfrac{25}{9}$; d) $\dfrac{14}{49} = \dfrac{2}{7}$; e) $\dfrac{19}{6}$.

5 a) $\dfrac{3}{2}$; b) $\dfrac{11}{4}$; c) $\dfrac{2}{3}$; d) $\dfrac{1}{4}$; e) $\dfrac{3}{4}$.

6

+	$\dfrac{1}{2}$	$\dfrac{3}{4}$	1	$\dfrac{21}{20}$
$\dfrac{1}{2}$	1	$\dfrac{5}{4}$	$\dfrac{3}{2}$	$\dfrac{31}{20}$
$\dfrac{3}{4}$	$\dfrac{5}{4}$	$\dfrac{6}{4} = \dfrac{3}{2}$	$\dfrac{7}{4}$	$\dfrac{36}{20} = \dfrac{9}{5}$
1	$\dfrac{3}{2}$	$\dfrac{7}{4}$	2	$\dfrac{41}{20}$
$\dfrac{21}{20}$	$\dfrac{31}{20}$	$\dfrac{36}{20} = \dfrac{9}{5}$	$\dfrac{41}{20}$	$\dfrac{42}{20} = \dfrac{21}{10}$

7 a) $\dfrac{2}{5} + \dfrac{13}{25} = \dfrac{23}{25}$; b) $\dfrac{1}{2} + \dfrac{5}{4} = \dfrac{7}{4}$; c) $\dfrac{1}{3} + \dfrac{13}{12} = \dfrac{17}{12}$.

Chercher un dénominateur commun page 24

1 Par exemple : a) 12 et 24 ; b) 6 ; c) 20 ; d) 10.

2 a) $\dfrac{14}{6}$ et $\dfrac{13}{6}$;

b) $\dfrac{7}{20} = \dfrac{35}{100}$ et $\dfrac{6}{25} = \dfrac{24}{100}$;

c) $\dfrac{5}{12} = \dfrac{25}{60}$ et $\dfrac{3}{15} = \dfrac{12}{60}$;

d) $3 = \dfrac{24}{8}$ et $\dfrac{7}{8}$.

3 a) $\dfrac{8}{15}$; b) $\dfrac{25}{24}$; c) $\dfrac{3}{12} = \dfrac{1}{4}$; d) $\dfrac{13}{12}$.

© Hatier

4

$$\frac{8}{6}=\frac{4}{3}$$

$$\frac{9}{6}=\frac{3}{2} \qquad \frac{3}{6}=\frac{1}{2}$$

$$\frac{13}{6} \qquad \frac{25}{24}$$

$$\frac{7}{12}$$

5 a) $\frac{4}{9}+2$; b) $\frac{4}{5}+\frac{5}{6}$.

6 a) Dans la chorale, il y a $\frac{7}{12}$ d'hommes.

b) Il a obtenu $\frac{7}{8}$ L de peinture.

Opérations « pêle-mêle » page 26

1 a) 3 ; b) 2 ; c) 3.

2 a) + ; b) − ; c) × ; d) + ; e) − ;
f) × ; g) × ; h) ×.

3

a + b	$\frac{7}{3}$	$\frac{7}{8}$	$\frac{49}{30}$	$\frac{32}{5}$
a − b	1	$\frac{1}{8}$	$\frac{1}{30}$	$\frac{8}{5}$
a × b	$\frac{10}{9}$	$\frac{3}{16}$	$\frac{2}{3}$	$\frac{48}{5}$

4 a) $\frac{5}{5}=1$; b) $\frac{5}{10}=\frac{1}{2}$; c) $\frac{6}{25}$; d) $\frac{6}{5}$.

Rangement : $\frac{6}{25}<\frac{1}{2}<1<\frac{6}{5}$.

5 a) $\frac{9}{6}=\frac{3}{2}$; b) $\frac{10}{9}$; c) $\frac{1}{4}$; d) $\frac{7}{42}=\frac{1}{6}$;

e) $\frac{12}{12}=1$; f) $\frac{45}{3}=15$; g) $\frac{40}{40}=1$;

h) $\frac{10}{4}=\frac{5}{2}$.

6 a) $\frac{4}{5}+\frac{1}{5}=1$; b) $\frac{3}{5}\times\frac{5}{3}=1$;

c) $\frac{3}{2}-\frac{1}{2}=1$; d) $2\times\frac{1}{2}=1$;

e) $\frac{8}{3}-\frac{8}{3}=0$; f) $\frac{8}{3}-1=\frac{5}{3}$;

g) $1+\frac{2}{3}=\frac{5}{3}$; h) $1\times\frac{5}{3}=\frac{5}{3}$;

i) $\frac{8}{3}-\frac{5}{3}=1$; j) $\frac{8}{3}\times0=0$.

Respecter les règles de priorité page 28

1 a) $\left(3\times\dfrac{2}{3}\right)+\dfrac{1}{4}$; b) $\dfrac{1}{2}+\left(\dfrac{4}{5}\times\dfrac{5}{4}\right)$;

c) $\dfrac{4}{3}\times\left(\left(6-\dfrac{15}{4}\right)\right)$;

d) $\dfrac{1}{2}+\left(\dfrac{3}{2}\times\dfrac{5}{4}\right)+\dfrac{1}{4}$;

e) $\dfrac{4}{5}+\left(\dfrac{1}{5}\times\dfrac{2}{3}\right)$.

2 a) 2 ; b) $\frac{4}{8}=\frac{1}{2}$; c) $\frac{5}{3}$; d) $\frac{6}{12}=\frac{1}{2}$.

3

$\left(\dfrac{1}{3}+\dfrac{2}{3}\right)\times\dfrac{1}{4}$ $\dfrac{1}{2}$

$\dfrac{1}{3}+\dfrac{2}{3}\times\dfrac{1}{4}$ $\dfrac{2}{5}$

$\left(\dfrac{7}{12}-\dfrac{3}{12}\right)\times\dfrac{6}{5}$ $\dfrac{1}{4}$

$\dfrac{7}{12}-\dfrac{3}{12}\times\dfrac{6}{5}$ $\dfrac{17}{60}$

4 a) $\frac{9}{6}=\frac{3}{2}$; b) $\frac{7}{6}$; c) $\frac{7}{6}$; d) $\frac{3}{2}$.

5 $A=\dfrac{13}{60}=\dfrac{26}{120}$; $B=\dfrac{1}{120}$. $B<A$.

6 a) $\frac{4}{17}$; b) $\frac{10}{17}$; c) $\frac{5}{18}$;

d) $\frac{1}{18}$; e) 1 ; f) $\frac{1}{6}$.

7 a) $\frac{8}{7}$; b) $\frac{2}{3}$.

8 a) 12 ; b) 2 025 ; c) 1.

Résoudre des problèmes page 30

1 a) **Méthode 1 :**
Nombre d'élèves qui partent en voyage :
$\frac{2}{3}\times540=360$.

Nombre d'élèves qui partent en Angleterre : $\frac{1}{4}\times360=90$.

Il y a donc $\dfrac{90}{540}$ $\left(\text{soit } \dfrac{1}{6}\right)$ élèves qui partent en Angleterre.

Méthode 2 :
La fraction des élèves qui partent en Angleterre est : $\dfrac{1}{4}\times\dfrac{2}{3}=\dfrac{1}{6}$.

b) **Méthode 1 :**
Jeanne a lu 36 pages.
$\dfrac{2}{5}\times\left(\dfrac{3}{4}\times120\right)=36$.

Moitié du livre : 60 pages (120 : 2).
Jeanne a lu moins de la moitié du livre.

Méthode 2 :
$\dfrac{2}{5}\times\dfrac{3}{4}=\dfrac{3}{10}$. $\dfrac{3}{10}<\dfrac{1}{2}$ donc Jeanne a lu moins de la moitié du livre.

2 Périmètre : $\dfrac{29}{7}$ cm ; aire : $\dfrac{99}{98}$ cm².

3 Elle a mieux réussi ses tirs le lundi car $\dfrac{2}{3}>\dfrac{3}{7}$.

4 **Méthode 1 :**
a) Vincent a dépensé $\dfrac{7}{12}$ de son argent de poche $\left(\dfrac{1}{3}+\dfrac{1}{4}=\dfrac{7}{12}\right)$.

b) Il lui reste $\dfrac{5}{12}$ de son argent de poche $\left(1-\dfrac{7}{12}=\dfrac{5}{12}\right)$.

Méthode 2 :
a) Vincent a dépensé 21 € soit $\dfrac{7}{12}$ de son argent de poche $\left(\dfrac{1}{3}\times36+\dfrac{1}{4}\times36=21\right)$. $\dfrac{21}{36}=\dfrac{7}{12}$.

b) Il lui reste 15 € soit $\dfrac{15}{36}$ de son argent de poche. $\dfrac{15}{36}=\dfrac{5}{12}$.

5 a) Sandrine a réalisé $\dfrac{35}{16}$ L de cocktail $\left(\dfrac{1}{16}+\dfrac{3}{4}+\dfrac{7}{8}+\dfrac{1}{2}=\dfrac{35}{16}\right)$.

b) Les femmes qui pratiquent régulièrement un sport représentent $\dfrac{2}{5}$ des professeurs du collège $\left(\dfrac{2}{3}\times\dfrac{36}{36+24}=\dfrac{2}{5}\right)$.

4 Effectue la « cascade de calculs ».

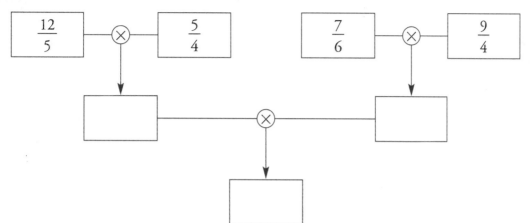

....
3

5 Complète le tableau de nombres.

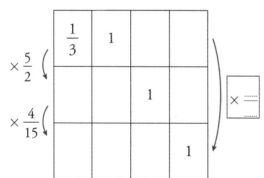

6 Calcule l'aire du rectangle ABCD.

$\mathcal{A} = $ ....

A $\xrightarrow{\quad\frac{15}{4}\ m\quad}$ B

$\frac{8}{5}$ m

D ———————————— C

....
9

....
1

7 Avec une calculatrice, effectue les calculs suivants et donne le résultat sous forme simplifiée.

a) $\dfrac{34}{42} \times \dfrac{58}{26} =$

b) $\dfrac{133}{23} \times \dfrac{21}{19} =$

c) $\dfrac{85}{52} \times \dfrac{2}{5} \times 520 =$

....
3

© Hatier

Le total de mes bonnes réponses est .... **/ 30**

Résoudre des problèmes

Je compte
mes bonnes
réponses

Observe la règle

Dans un énoncé de problème, lorsqu'on demande de calculer $\dfrac{a}{b}$ d'un nombre c, il faut multiplier $\dfrac{a}{b}$ par c.

Matthieu a 240 jeux ; les $\dfrac{3}{4}$ sont des jeux de plate-forme. Combien de jeux de plate-forme a-t-il ?

$\dfrac{3}{4} \times 240 = 180$. Matthieu a 180 jeux de plate-forme.

---

① Réponds aux questions.

Au cours de la promenade, Grégoire a bu les deux tiers des 75 cL d'eau que contient sa gourde.

a) Quelle quantité d'eau a-t-il bue ? ....

b) Quelle quantité d'eau reste-t-il dans la gourde ? ....

2

② Parmi les problèmes suivants, quels sont ceux dont la solution est donnée par le calcul $280 - \left(250 \times \dfrac{2}{5}\right)$? Coche-les.

❏ a) Anne a une collection de 280 timbres dont 250 timbres français. Elle donne les $\dfrac{2}{5}$ de sa collection de timbres français à son frère. Combien en donne-t-elle à son frère ?

❏ b) Anne a une collection de 280 timbres dont 250 timbres français. Elle donne les $\dfrac{2}{5}$ de sa collection de timbres français à son frère. Combien de timbres lui reste-t-il ?

❏ c) Calcule la différence de 280 et de deux cinquièmes de 250.

❏ d) Anne a une collection de 280 timbres. Elle en donne 250 à son frère et elle donne les $\dfrac{2}{5}$ de ce qu'il reste à son amie Virginie. Combien en donne-t-elle à Virginie ?

4

© Hatier

❸ Associe chaque problème au calcul qui donne la solution.

• Calculs : A. $120 - \left(\dfrac{2}{3} \times 120 + \dfrac{1}{5} \times 120\right)$; B. $\dfrac{1}{5} \times \left(\dfrac{2}{3} \times 120\right)$;

C. $120 - \left(\dfrac{2}{3} \times 120\right) + \left(\dfrac{1}{5} \times 120\right)$; D. $\dfrac{1}{5} \times \left(120 - \dfrac{2}{3} \times 120\right)$; E. $\left(\dfrac{2}{3} \times 120\right) + \left(\dfrac{1}{5} \times 120\right)$.

• Problèmes :

a) Théo a 120 € sur son compte en banque. Lundi, il dépense les $\dfrac{2}{3}$ de cette somme et mardi, il dépense $\dfrac{1}{5}$ de cette somme. Combien a-t-il dépensé pendant ces deux jours ?

b) Théo a 120 € sur son compte en banque. Lundi, il dépense les $\dfrac{2}{3}$ de cette somme et mardi, il dépense $\dfrac{1}{5}$ de cette somme. Combien lui reste-t-il ?

c) Théo a 120 € sur son compte. Lundi, il dépense les $\dfrac{2}{3}$ de cette somme et mardi, $\dfrac{1}{5}$ de ce qu'il lui reste. Combien a-t-il dépensé mardi ?

d) Théo a 120 € sur son compte. Il achète un appareil photo qui coûte les $\dfrac{2}{3}$ de cette somme et une boîte de pellicules qui coûte $\dfrac{1}{5}$ du prix de l'appareil photo. Combien coûte la boîte de pellicules ?

e) Théo a 120 € sur son compte en banque. Lundi, il retire $\dfrac{2}{3}$ de cette somme et mardi, il remet sur son compte $\dfrac{1}{5}$ de cette même somme. Combien a-t-il alors sur son compte en banque ?

• a) → ...... ;   b) → ...... ;   c) → ...... ;

d) → ...... ;   e) → ....

10

❹ Résous les problèmes.

a) Henri a commandé un lot de 510 bulbes à fleurs sur un catalogue. $\dfrac{3}{5}$ sont des tulipes, $\dfrac{1}{6}$ sont des jonquilles, les autres sont des crocus. Combien y a-t-il de crocus ?

....

b) Céline compte ses disques. Elle en a 160. $\dfrac{3}{4}$ sont des disques de variété et $\dfrac{5}{6}$ des disques de variété sont des disques de variété française. Combien Céline a-t-elle de disques de variété française ?

....

4

Le total de mes bonnes réponses est ...... **/ 20**

© Hatier

Fractions
de même dénominateur

Niveau 1

Observe la règle

Pour calculer **la somme ou la différence** de deux fractions de **même dénominateur** :

- additionne ou soustrais les numérateurs,
- garde le dénominateur commun.

$$\frac{a}{c} + \frac{b}{c} = \frac{\boxed{a+b}}{c} \leftarrow \text{somme des numérateurs}$$

même dénominateur

$$\frac{a}{c} - \frac{b}{c} = \frac{\boxed{a-b}}{c} \leftarrow \text{différence des numérateurs}$$

même dénominateur

a, b, c, désignent des nombres avec c différent de zéro.

Calculer $\dfrac{3}{10} + \dfrac{4}{10}$.

$\dfrac{3}{10}$ et $\dfrac{4}{10}$ ont le même dénominateur.

$$\frac{3}{10} + \frac{4}{10} = \frac{7}{10}$$

même dénominateur

Calculer $\dfrac{12}{5} - \dfrac{3}{5}$.

$\dfrac{12}{5}$ et $\dfrac{3}{5}$ ont le même dénominateur.

$$\frac{12}{5} - \frac{3}{5} = \frac{9}{5}$$

même dénominateur

❶ Effectue les opérations.

a) $\dfrac{15}{7} + \dfrac{3}{7} =$

b) $\dfrac{4}{5} + \dfrac{2}{5} =$

c) $\dfrac{7}{8} - \dfrac{1}{8} =$

d) $\dfrac{65}{11} - \dfrac{56}{11} =$

e) $\dfrac{9}{2} + \dfrac{3}{2} =$

f) $\dfrac{12}{6} + \dfrac{7}{6} =$

g) $\dfrac{14}{9} - \dfrac{2}{9} =$

h) $\dfrac{10}{12} + \dfrac{9}{12} =$

i) $\dfrac{4}{9} + \dfrac{5}{9} =$

© Hatier

2 Complète le tableau ci-contre en donnant les résultats en écriture fractionnaire.

A	B	A + B	A − B
$\dfrac{8}{17}$	$\dfrac{3}{17}$		
$\dfrac{18}{15}$	$\dfrac{12}{15}$		
$\dfrac{19}{34}$	$\dfrac{15}{34}$		

......
6

3 Complète les égalités.

a) $\dfrac{7}{37} + \text{......} = \dfrac{27}{37}$;   b) $\dfrac{12}{89} - \text{......} = \dfrac{9}{89}$;   c) $\text{......} + \dfrac{67}{11} = \dfrac{86}{11}$;   d) $\text{......} - \dfrac{5}{63} = \dfrac{7}{63}$;

e) $\dfrac{5}{8} + \text{......} = 1$;   f) $\text{......} - \dfrac{7}{5} = 1$;   g) $\text{......} - \dfrac{47}{21} = 0$;   h) $\dfrac{43}{67} - \text{......} = 0$.

......
8

4 Écris au bout de chaque « branche de calculs » la somme des nombres de cette branche.

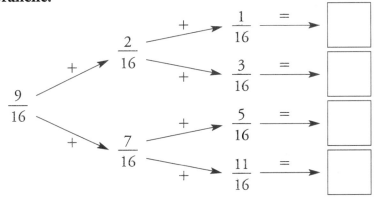

......
4

5 Calcule le périmètre du rectangle.

$\dfrac{26}{15}$ m

$\dfrac{18}{15}$ m   • Périmètre : ....

......
3

© Hatier

Le total de mes bonnes réponses est .... **/ 30**

Fractions
de dénominateurs différents

Je compte
mes bonnes
réponses

Niveau 2

Observe la règle

Pour additionner ou soustraire des fractions de **dénominateurs différents**, il faut chercher un **dénominateur commun** :

Les deux fractions n'ont pas le même dénominateur.	Calculer $A = \dfrac{8}{3} + \dfrac{5}{6}$.
Tu écris des fractions qui sont **égales** aux fractions données mais qui ont le **même dénominateur** (on dit que l'on réduit au même dénominateur les deux fractions).	On cherche un multiple commun à 3 et 6. $6 = 3 \times 2$ donc 6 est un dénominateur commun à $\dfrac{8}{3}$ et $\dfrac{5}{6}$. $\quad \dfrac{8}{3} = \dfrac{8 \times 2}{3 \times 2} = \dfrac{16}{6}$. Les deux fractions $\dfrac{16}{6}$ et $\dfrac{5}{6}$ ont le même dénominateur.
Tu appliques la règle d'addition ou de soustraction de deux fractions de même dénominateur.	$A = \dfrac{16}{6} + \dfrac{5}{6} = \dfrac{16 + 5}{6} = \dfrac{21}{6}$.
Tu simplifies, si possible, le résultat.	On peut simplifier par 3 : $A = \dfrac{7}{2}$.

❶ Les deux fractions ont-elles 45 pour dénominateur commun ?

a) $\dfrac{4}{9}$ et $\dfrac{1}{45}$ .... ; c) $\dfrac{1}{40}$ et $\dfrac{3}{5}$ .... ;

b) $\dfrac{3}{45}$ et $\dfrac{3}{5}$ .... ; d) $\dfrac{6}{45}$ et $\dfrac{7}{45}$ ....

❷ Entoure le dénominateur commun des fractions suivantes.

a) $\dfrac{1}{4}$ et $\dfrac{3}{8}$; c) $\dfrac{3}{25}$ et $\dfrac{11}{5}$;

b) $\dfrac{11}{14}$ et $\dfrac{3}{7}$; d) $\dfrac{5}{9}$ et $\dfrac{7}{18}$.

4

4

❸ Associe chaque calcul à son résultat.

- Calculs : A. $\dfrac{1}{3} + \dfrac{5}{9}$; B. $\dfrac{2}{5} - \dfrac{1}{20}$; C. $\dfrac{7}{1\,000} + \dfrac{11}{100}$; D. $\dfrac{4}{9} + \dfrac{7}{3}$; E. $\dfrac{13}{27} - \dfrac{1}{9}$.

- Résultats : a) $\dfrac{7}{20}$; b) $\dfrac{25}{9}$; c) $\dfrac{8}{9}$; d) $\dfrac{117}{1\,000}$; e) $\dfrac{10}{27}$.

- Réponse : A. → ...... ; B. → ...... ; C. → ...... ; D. → ...... ; E. → ....

5

© Hatier

4 Effectue les calculs suivants et donne le résultat sous forme simplifiée.

a) $\dfrac{1}{2} + \dfrac{1}{6} =$ 　　　　b) $\dfrac{5}{6} - \dfrac{1}{12} =$ 　　　　c) $\dfrac{5}{18} + \dfrac{5}{2} =$

d) $\dfrac{35}{49} - \dfrac{3}{7} =$ 　　　　e) $3 + \dfrac{1}{6} =$

5

5 Calcule mentalement :

a) $1 + \dfrac{1}{2} =$ ..... ; b) $2 + \dfrac{3}{4} =$ ..... ; c) $1 - \dfrac{1}{3} =$ ..... ; d) $1 - \dfrac{3}{4} =$ ..... ; e) $\dfrac{1}{2} + \dfrac{1}{4} =$ ..... .

5

6 Observe l'exemple et complète la table d'addition suivante :

+	$\dfrac{1}{2}$	$\dfrac{3}{4}$	1	$\dfrac{21}{20}$
$\dfrac{1}{2}$		$\dfrac{1}{2} + \dfrac{3}{4} = \dfrac{5}{4}$		
$\dfrac{3}{4}$	$\dfrac{3}{4} + \dfrac{1}{2} = \dfrac{5}{4}$			
1				
$\dfrac{21}{20}$				

14

7 Complète les égalités.

a) $\dfrac{2}{5} + \dfrac{.....}{25} = \dfrac{23}{25}$ 　　　　b) $\dfrac{1}{2} + \dfrac{5}{.....} = \dfrac{7}{4}$ 　　　　c) $\dfrac{1}{3} + \dfrac{.....}{.....} = \dfrac{17}{12}$

3

© Hatier

Le total de mes bonnes réponses est .... **/ 40**

Chercher un dénominateur commun

Je compte
mes bonne
réponses

Niveau 3

Observe la règle

> • **Rappel :** pour additionner ou soustraire deux fractions de **dénominateurs différents**, il faut les **réduire au même dénominateur**, c'est-à-dire les remplacer par des fractions de même dénominateur, égales aux fractions données.
>
> • Parfois, pour trouver le **dénominateur commun**, il faut chercher un **multiple commun** aux deux dénominateurs.

Les deux fractions n'ont pas le même dénominateur.	Calculer $A = \dfrac{7}{15} + \dfrac{11}{20}$.
Tu cherches un **multiple commun** aux deux dénominateurs.	**Multiples de 15 :** 15 ; 30 ; 45 ; **60**. **Multiples de 20 :** 20 ; 40 ; **60**. 60 est un multiple de 15 et de 20 ($60 = \mathbf{4} \times 15$; $60 = \mathbf{3} \times 20$).
Tu **réduis** les fractions **au même dénominateur**.	$\dfrac{7}{15} = \dfrac{7 \times \mathbf{4}}{15 \times \mathbf{4}} = \dfrac{28}{60}$ $\qquad$ $\dfrac{11}{20} = \dfrac{11 \times \mathbf{3}}{20 \times \mathbf{3}} = \dfrac{33}{60}$
Tu achèves le calcul en appliquant la règle d'addition de fractions de même dénominateur.	$A = \dfrac{28}{60} + \dfrac{33}{60} = \dfrac{28 + 33}{60}$ $\qquad$ $A = \dfrac{61}{60}$

❶ Trouve un dénominateur commun aux fractions.

a) $\dfrac{1}{6}$ et $\dfrac{1}{4}$ $\rightarrow$ $\qquad$ b) $\dfrac{7}{2}$ et $\dfrac{1}{3}$ $\rightarrow$

c) $\dfrac{1}{5}$ et $\dfrac{3}{4}$ $\rightarrow$ $\qquad$ d) $\dfrac{1}{2}$; $\dfrac{1}{5}$ et $\dfrac{3}{10}$ $\rightarrow$

......
4

❷ Réduis les fractions suivantes au même dénominateur.

a) $\dfrac{7}{3}$ et $\dfrac{13}{6}$ $\rightarrow$ $\qquad$ b) $\dfrac{7}{20}$ et $\dfrac{6}{25}$ $\rightarrow$

c) $\dfrac{5}{12}$ et $\dfrac{3}{15}$ $\rightarrow$ $\qquad$ d) 3 et $\dfrac{7}{8}$ $\rightarrow$

......
4

© Hatier

❸ Effectue les calculs.

a) $\dfrac{1}{5} + \dfrac{1}{3} =$

b) $\dfrac{7}{8} + \dfrac{1}{6} =$

c) $\dfrac{7}{12} - \dfrac{1}{3} =$

d) $\dfrac{9}{4} - \dfrac{7}{6} =$

......
4

❹ Effectue les calculs.

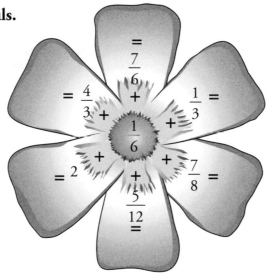

$= \dfrac{7}{6}$

$+$

$= \dfrac{4}{3} +$ $\dfrac{1}{6}$ $+ \dfrac{1}{3} =$

$= 2$ $+$ $+ \dfrac{7}{8} =$

$+$

$\dfrac{5}{12}$

$=$

......
6

❺ Sur chaque ligne, tous les calculs donnent le même résultat sauf un. Entoure-le.

a) • $3 - \dfrac{4}{9}$ • $\dfrac{37}{18} + \dfrac{1}{2}$ • $\dfrac{2}{3} + \dfrac{17}{9}$ • $\dfrac{4}{9} + 2$

b) • $\dfrac{9}{5} - \dfrac{4}{10}$ • $\dfrac{11}{15} + \dfrac{2}{3}$ • $\dfrac{17}{30} + \dfrac{5}{6}$ • $\dfrac{4}{5} + \dfrac{5}{6}$

......
2

❻ Résous les problèmes.

a) Dans une chorale, $\dfrac{1}{3}$ des chanteurs sont des hommes qui portent une chemise verte ; $\dfrac{1}{4}$ sont des hommes qui portent une chemise bleue et les autres sont des femmes.

Quelle fraction de la chorale représente les hommes ? ....

b) Pour faire une peinture bleu clair, Marc mélange $\dfrac{1}{8}$ L de peinture bleu foncé et $\dfrac{3}{4}$ L de peinture blanche.

......

Quelle quantité de peinture (en L) a-t-il obtenue ? ....

10

Le total de mes bonnes réponses est .... / **30**

© Hatier

Opérations « pèle-mêle »

Observe la règle

Avant de commencer un calcul, il est important de bien **repérer l'opération** qu'il faut faire.

• Pour **additionner** ou **soustraire** deux fractions, il faut vérifier que les fractions ont le **même dénominateur**. Si elles ont des dénominateurs différents, il faut trouver un dénominateur commun.

$$\frac{4}{5} + \frac{3}{5}$$

Les fractions ont le même dénominateur.

On additionne les numérateurs
et on garde le dénominateur :

$$\frac{4}{5} + \frac{3}{5} = \frac{7}{5}$$

$$\frac{1}{4} + \frac{3}{8}$$

Les fractions n'ont pas le même dénominateur.

Il faut chercher un dénominateur commun
aux deux fractions. Ici, c'est 8.

$$\frac{1}{4} + \frac{3}{8} = \frac{2}{8} + \frac{3}{8} = \frac{5}{8}$$

• Pour **multiplier** deux fractions, on multiplie les numérateurs entre eux et les dénominateurs entre eux.

$$\frac{3}{5} \times \frac{7}{8} = \frac{21}{40}$$

1 Pour chacun des calculs, entoure la bonne réponse.

	Réponse 1	Réponse 2	Réponse 3
a) $\frac{5}{2} \times \frac{1}{4}$	$\frac{10}{4}$	$\frac{10}{8}$	$\frac{5}{8}$
b) $\frac{14}{9} - \frac{5}{4}$	$\frac{9}{5}$	$\frac{11}{36}$	$\frac{70}{36}$
c) $\frac{5}{6} + \frac{5}{18}$	$\frac{5}{24}$	$\frac{10}{24}$	$\frac{10}{9}$

...... / 6

2 Retrouve et note l'opération qui a été effectuée.

a) $\frac{5}{12} \, \text{......} \, \frac{7}{12} = 1$;   b) $\frac{1}{3} \, \text{......} \, \frac{1}{5} = \frac{2}{15}$;   c) $\frac{7}{12} \, \text{......} \, \frac{5}{12} = \frac{35}{144}$;   d) $\frac{1}{3} \, \text{......} \, \frac{1}{5} = \frac{8}{15}$;

e) $\frac{7}{12} \, \text{......} \, \frac{5}{12} = \frac{1}{6}$;   f) $\frac{1}{3} \, \text{......} \, \frac{1}{5} = \frac{1}{15}$;   g) $\frac{13}{4} \, \text{......} \, \frac{1}{2} = \frac{13}{8}$;   h) $\frac{5}{24} \, \text{......} \, \frac{3}{20} = \frac{1}{32}$.

...... / 8

© Hatier

❸ Complète le tableau.

a	$\dfrac{5}{3}$	$\dfrac{1}{2}$	$\dfrac{5}{6}$	4
b	$\dfrac{2}{3}$	$\dfrac{3}{8}$	$\dfrac{4}{5}$	$\dfrac{12}{5}$
a + b				
a − b				
a × b				

12

❹ Ces calculs se ressemblent ; pourtant, ils sont bien différents. Effectue-les et range leurs résultats par ordre croissant.

a) $\dfrac{3}{5} + \dfrac{2}{5} =$ b) $\dfrac{3+2}{5+5} =$ c) $\dfrac{3}{5} \times \dfrac{2}{5} =$ d) $\dfrac{3 \times 2}{5} =$

• Rangement : ....

6

❺ Effectue les calculs et donne l'écriture fractionnaire simplifiée du résultat.

a) $\dfrac{4}{3} + \dfrac{1}{6} =$ b) $\dfrac{5}{3} - \dfrac{5}{9} =$ c) $\dfrac{1}{2} \times \dfrac{2}{4} =$ d) $\dfrac{3}{14} - \dfrac{1}{21} =$

e) $4 \times \dfrac{3}{12} =$ f) $9 \times \dfrac{5}{3} =$ g) $\dfrac{5}{8} \times \dfrac{8}{5} =$ h) $\dfrac{3}{4} + \dfrac{7}{4} =$

8

❻ Complète les calculs par un nombre entier ou une fraction.

a) $\dfrac{4}{5} +$ ...... $= 1$; b) $\dfrac{3}{5} \times$ ...... $= 1$; c) ...... $- \dfrac{1}{2} = 1$; d) ...... $\times \dfrac{1}{2} = 1$; e) $\dfrac{8}{3} -$ ...... $= 0$;

f) ...... $- 1 = \dfrac{5}{3}$; g) $1 +$ ...... $= \dfrac{5}{3}$; h) $1 \times$ ...... $= \dfrac{5}{3}$; i) ...... $- \dfrac{5}{3} = 1$; j) $\dfrac{8}{3} \times$ ...... $= 0$.

10

© Hatier

Le total de mes bonnes réponses est ...... **/ 50**

Respecter les règles de priorité

Niveau 3

Observe la règle

Dans les calculs qui comportent des fractions, on applique les mêmes **règles de priorité** que dans les calculs avec des nombres entiers ou décimaux.

- Dans un calcul **sans parenthèses**,
  - la multiplication et la division sont effectuées en priorité sur l'addition et la soustraction ;
  - s'il n'y a que des additions et des soustractions, on effectue les opérations de gauche à droite.

$$\frac{1}{3} + \frac{7}{3} \times 2 = \frac{1}{3} + \frac{14}{3} = \frac{15}{3}$$

- Dans un calcul **avec parenthèses**, les calculs entre parenthèses sont effectués en priorité.

$$2 \times \left(\frac{1}{2} + \frac{1}{4} \right) = 2 \times \frac{3}{4} = \frac{3}{2}$$

Attention ! Pour effectuer le calcul ci-contre avec une calculatrice scientifique, il faut mettre les parenthèses.

$$\frac{4+3}{5+3} = (4+3) : (5+3) = \frac{7}{8}$$

---

❶ Dans chacun des calculs, entoure l'opération que tu dois faire en premier.

a) $3 \times \dfrac{2}{3} + \dfrac{1}{4}$;

b) $\dfrac{1}{2} + \dfrac{4}{5} \times \dfrac{5}{4}$;

c) $\dfrac{4}{3} \times \left(6 - \dfrac{15}{4} \right)$;

d) $\dfrac{1}{2} + \dfrac{3}{2} \times \dfrac{5}{4} + \dfrac{1}{4}$;

e) $\dfrac{4}{5} + \dfrac{1}{5} \times \dfrac{2}{3}$.

......
5

❷ Effectue les calculs suivants « de tête ».

a) $1 + 2 \times \dfrac{1}{2} =$

b) $\dfrac{3}{8} + \dfrac{1}{4} \times \dfrac{1}{2} =$

c) $\dfrac{2}{3} + \dfrac{1}{3} + \dfrac{2}{3} =$

d) $\dfrac{1}{4} \times \dfrac{1}{3} + \dfrac{5}{2} \times \dfrac{1}{6} =$

......
4

© Hatier

3 Associe chaque calcul à son résultat.

$$\left(\frac{1}{3} + \frac{2}{3}\right) \times \frac{1}{4}$$ • • $$\frac{1}{2}$$

$$\frac{1}{3} + \frac{2}{3} \times \frac{1}{4}$$ • • $$\frac{2}{5}$$

$$\left(\frac{7}{12} - \frac{3}{12}\right) \times \frac{6}{5}$$ • • $$\frac{1}{4}$$

$$\frac{7}{12} - \frac{3}{12} \times \frac{6}{5}$$ • • $$\frac{17}{60}$$

.... / 4

4 Effectue les calculs.

a) $\dfrac{7}{3} - 1 + \dfrac{1}{6} =$ b) $\dfrac{7}{3} - 1 - \dfrac{1}{6} =$

c) $\dfrac{7}{3} - \left(1 + \dfrac{1}{6}\right) =$ d) $\dfrac{7}{3} - \left(1 - \dfrac{1}{6}\right) =$

.... / 4

5 Compare A et B.

$A = \dfrac{1}{2} - \dfrac{1}{3} \times \dfrac{1}{4} - \dfrac{1}{5}$; $B = \left(\dfrac{1}{2} - \dfrac{1}{3}\right) \times \left(\dfrac{1}{4} - \dfrac{1}{5}\right)$ • ....

.... / 2

6 Effectue les calculs et simplifie les résultats.

a) $\left(\dfrac{7}{17} + \dfrac{2}{17}\right) - \dfrac{5}{17} =$ b) $\dfrac{7}{17} + \left(\dfrac{5}{17} - \dfrac{2}{17}\right) =$

c) $\left(\dfrac{1}{3} - \dfrac{1}{6}\right) + \dfrac{1}{9} =$ d) $\dfrac{1}{3} - \left(\dfrac{1}{6} + \dfrac{1}{9}\right) =$

e) $\dfrac{4}{3} \times \dfrac{3}{7} \times \dfrac{7}{4} =$ f) $\dfrac{6}{15} \times \dfrac{2}{3} \times \dfrac{5}{8} =$

.... / 6

7 Effectue les calculs et simplifie les résultats.

a) $\dfrac{10 + 2}{10 + 4} \times \dfrac{10 - 2}{10 - 4} =$ b) $\dfrac{10 + 2 \times 3}{20 + 2 \times 2} =$

.... / 2

8 Effectue les calculs suivants avec une calculatrice.

a) $\dfrac{125 + 247}{15 + 16} =$ b) $\dfrac{1\,350}{30} \times 45 =$ c) $\dfrac{1\,350}{30 \times 45} =$

.... / 3

© Hatier

Le total de mes bonnes réponses est .... / 30

Résoudre des problèmes

Je compte
mes bonnes
réponses

Observe la règle

Pour résoudre des problèmes où figurent des **fractions**, tu disposes souvent de deux méthodes :

- **méthode 1** : appliquer les fractions aux nombres donnés dans l'énoncé ;
- **méthode 2** : calculer directement sur les fractions.

Dans une boîte de 120 bonbons, les $\frac{2}{3}$ sont des bonbons aux fruits et les $\frac{3}{4}$ des bonbons aux fruits sont des bonbons à la fraise.
Quelle fraction des bonbons de la boîte représente les bonbons à la fraise ?

Méthode 1

Nombre de bonbons aux fruits :   Nombre de bonbons à la fraise :

$$\frac{2}{3} \times 120 = 80 \qquad\qquad \frac{3}{4} \times 80 = 60$$

Sur 120 bonbons, 60 sont à la fraise.

Les bonbons à la fraise représentent $\frac{60}{120}$ soit $\frac{1}{2}$ des bonbons de la boîte.

Méthode 2

$\frac{2}{3} \times \frac{3}{4} = \frac{2}{4} = \frac{1}{2}$ Les bonbons à la fraise représentent $\frac{1}{2}$ des bonbons de la boîte.

❶ Résous les problèmes selon deux méthodes.

a) Les deux tiers des 540 élèves du collège sont partis en voyage scolaire. Un quart de ces élèves est parti en Angleterre. Quelle fraction des élèves du collège est partie en voyage en Angleterre ?

Méthode 1 : ....

.... Méthode 2 : ....

b) Jeanne a lu les deux cinquièmes des trois quarts de son livre qui compte 120 pages. Jeanne a-t-elle lu plus de la moitié de son livre ?

Méthode 1 : ....

.... Méthode 2 : ....

© Hatier

8

2 Calcule le périmètre et l'aire d'un rectangle de $\dfrac{9}{7}$ cm de longueur et de $\dfrac{11}{14}$ cm de largeur.

• Périmètre : _____ . • Aire : _____ . | **2**

3 Résous le problème.

Chaque jour, pour s'entraîner au tir à l'arc, Élodie fait 42 tirs.
Lundi, les deux tiers de ses tirs ont touché la cible.
Mardi, les trois septièmes de ses tirs ont touché la cible.
Quel jour a-t-elle mieux réussi ses tirs ?

• Réponse :

_____

_____

_____

_____ | **4**

4 Résous ce problème selon deux méthodes.

Ce mois-ci, Vincent a dépensé le tiers de ses 36 € d'argent de poche pour acheter des disques et le quart pour acheter des livres.

a) Quelle fraction de son argent de poche a-t-il dépensée ? _____

_____

b) Quelle fraction de son argent de poche lui reste-t-il ? _____

_____ | **8**

5 Résous les problèmes.

a) Pour réaliser un cocktail, Sandrine mélange $\dfrac{1}{16}$ L de jus de citron, $\dfrac{3}{4}$ L de jus d'orange, $\dfrac{7}{8}$ L de jus de pamplemousse et $\dfrac{1}{2}$ L d'eau. Quelle quantité (en L) de cocktail a-t-elle réalisée ?

_____

b) Dans un collège, 36 professeurs sont des femmes et 24 sont des hommes.
Les deux tiers des professeurs femmes pratiquent régulièrement un sport.
Quelle fraction des professeurs du collège représente les femmes qui pratiquent

régulièrement un sport ? _____ | **8**

© Hatier

Le total de mes bonnes réponses est _____ / **30**

COLLECTION **mini CHOUETTE**

DE 7 À 13 ANS
UN CAHIER PAR
NOTION FONDAMENTALE
POUR VENIR À BOUT
D'UNE DIFFICULTÉ !

de 8 à 10 ans

français
- a/à, et/est, on/ont, ou/où, son/sont...
- le nom, le pronom, l'adjectif, le verbe...
- les accords
- les phrases négatives, interrogatives, exclamatives...
- la rédaction

maths
- la division
- la multiplication
- les problèmes de maths
- les unités de mesure

de 9 à 11 ans

français
- le sujet, le verbe, le complément
- la conjugaison
- pour enrichir son vocabulaire

maths
- les grands nombres
- les fractions et les nombres décimaux
- les constructions géométriques simples

de 11 à 13 ans

français
- les conjugaisons de l'indicatif
- la fonction des mots dans la phrase
- les différents types de phrases et leur construction
- le récit, la description, l'argumentation

maths
- les constructions géométriques
- les problèmes de maths
- les opérations
- le calcul avec des fractions

de 7 à 9 ans

français
- les sons difficiles
- les temps simples et le passé composé de l'indicatif

maths
- les figures géométriques
- l'écriture des nombres
- l'addition et la soustraction

COLLECTION **MAXI CHOUETTE**

Mon cahier de révisions
CE1 *7-8 ans*
Français Maths
Le programme en 30 leçons
HATIER
MAXI CHOUETTE

POUR RÉVISER
L'ESSENTIEL
DU PROGRAMME
DE L'ANNÉE
EN MATHS
ET EN FRANÇAIS
1 CAHIER = 1 NIVEAU

- **CP, CE1, CE2, CM1, CM2**

COLLECTION **CHOUETTE ENTRAÎNEMENT**

maths CE2 exercices
HATIER
CHOUETTE

POUR S'ENTRAÎNER
RÉGULIÈREMENT SUR
TOUT LE PROGRAMME
1 CAHIER = 1 MATIÈRE

dictées · **CE1, CE2, CM1, CM2**
français · **CP, CE1, CE2, CM1, CM2**
maths · **CP, CE1, CE2, CM1, CM2**

Mise en page : SG Production
Édition : Catherine Maugé
Coordination : Fabienne Rousseau

Imprimé par Pollina s.a., 85400 Luçon – n° L80874.B
Dépôt légal n° 11329 – Juillet 2000